旱田的一年

One Year Of a Field

［日］向田智也◎文图

［日］千叶万希子◎译

美 黑龙江美术出版社

旱田的
农事安排

1～2月：制定作物种植计划、翻地

3～4月：施肥、堆田垄、播种、育苗

5～6月：幼苗移植、浇水、预防害虫、
　　　　除草、照料农作物

7～8月：采收夏季蔬菜、浇水、除草

9月：播种秋季蔬菜、种苗

10～11月：收获土豆等薯类

12月：清扫落叶、做堆肥、采收冬季蔬菜

※ 本书主要以日本关东甲信越地方的旱田为例创作。书中旱田的农事安排、出现的各种生物和
　作物的栽培方法，在不同的地区会有所不同。

1月

冬天的旱田，
冷到地面都结了霜。
耕种前，用锄镐翻田耕地，
使土壤适宜农作物生长。

啧啧
咔咔

黄刺蛾的茧

北红尾鸲 [qú]

柿子树

柿癣皮夜蛾

2月

有的作物在夏季成熟，
有的在秋冬成熟。
种些什么、种在旱田的哪一块土地，
都要在播种前做好计划。

樱花树

梅树

桃树

咚咚咚咚

日本辛夷

农产品直销所

农产品直销所

旱田车站

枫树

葱

小麦田

齿叶溲疏

关东蒲公英

鼻优草螽

日本黄脊蝗

普通卷甲虫

鼠妇

斑鸫 [dōng]

长额负蝗的虫卵

日本缺齿鼹 [yǎn]
挖的地道

环毛蚓

日本弓背蚁
的巢穴

在旱田里越冬的生物们

冬天，旱田里万籁俱寂。
土壤里，落叶下，
生物们静静地等待着
春天的到来。

菜粉蝶的蛹

黄刺蛾的茧

华南壁钱的巢

日本黄脊蝗

中华大刀螳的卵鞘

大避债蛾

白钩蛱蝶

4

啾啾啾
红隼

大避债蛾

梅树

吼吼 啾啾啾
日本树莺

天幕枯叶蛾的虫卵

黄长脚蜂的巢

镶黄蜾蠃的巢

农场厨房

果蔬市场

中华大刀螳的卵鞘

华南壁钱的巢

白钩蛱蝶

菜粉蝶的蛹

卡氏地蛛的巢

马陆

日本蜈蚣

黄脸油葫芦的虫卵

洋葱

金龟子类的幼虫

卷心菜

欧洲油菜

西洋蒲公英

诸葛菜

淡蓝步甲

日本石龙子

红光熊蜂蜂王

日本田鼠

天幕枯叶蛾的虫卵

棕静螳的卵鞘

在竹节中越冬的胡蜂

黄脸油葫芦的虫卵

秋季，长额负蝗在土里产卵

在树缝间越冬的多疣壁虎

贴在小屋墙上越冬的异色瓢虫

在落叶堆下的土壤中越冬的淡蓝步甲

鼻优草螽

在地下越冬的红光熊蜂蜂王

柿子树

黄刺蛾的茧

灰脸鵟鹰

哔喽~

3月

等到桃树和辛夷开花，
旱田也到了农忙的季节。
人们忙着耕田、施肥和堆田垄，
要准备开始播种农作物了。

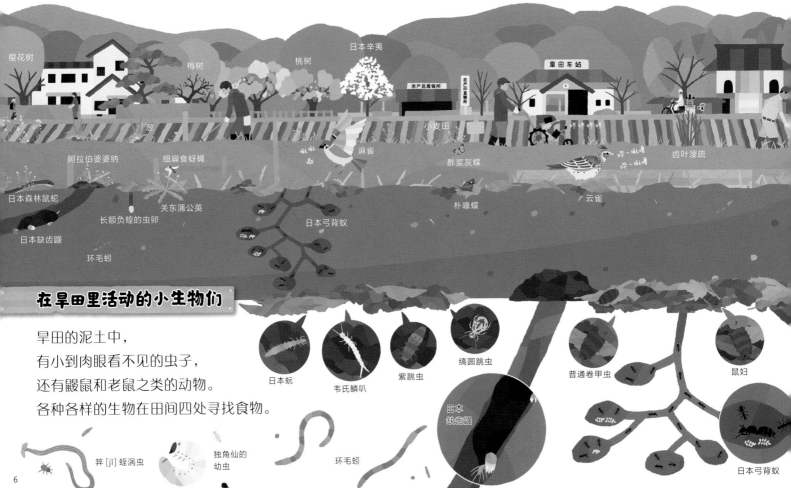

樱花树

梅树

桃树

日本辛夷

旱田车站

农产品直销所

农产品直销所

葱

小麦田

齿叶溲疏

阿拉伯婆婆纳

细扁食蚜蝇

啾啾啾

麻雀

酢浆灰蝶

哔~啾喽
哗~啾喽

日本森林鼠蛇

关东蒲公英

朴喙蝶

云雀

长额负蝗的虫卵

日本弓背蚁

日本缺齿鼹

环毛蚓

在旱田里活动的小生物们

旱田的泥土中，
有小到肉眼看不见的虫子，
还有鼹鼠和老鼠之类的动物。
各种各样的生物在田间四处寻找食物。

日本蚖

韦氏鳞叭

紫跳虫

缟圆跳虫

普通卷甲虫

鼠妇

日本缺齿鼹

笄 [jī] 蛭涡虫

独角仙的幼虫

环毛蚓

日本弓背蚁

6

梅树

大避债蛾

啾——啾——啾——

天幕枯叶蛾
的虫卵

暗绿绣眼鸟

炎熊蜂

农场厨房

菜粉蝶

黄长脚蜂
的巢

镶黄蝶
的巢

日本蜜蜂

果蔬市场

中华一番

华南壁钱的巢

附地菜

大嘴乌鸦

嘎嘎

日本石龙子

黑纹粉蝶

淡蓝步甲

卡氏地蛛的巢

黄脸油葫芦
的虫卵

洋葱

卷心菜

七星瓢虫

欧洲油菜

诸葛菜

红光
熊蜂蜂王

金龟子类的幼虫

番薯

日本田鼠挖的地道

日本田鼠

日本蜈蚣

马陆

缘殖肥螋

日本黑褐蚁

甘蓝夜蛾的幼虫

金龟子类的幼虫
以植物根为食

卡氏地蛛的巢呈
细长袋状,
从地下延伸到地上

柿子树

黄刺蛾的茧

4月

随着气温逐渐升高，播种开始了。
苗床里，番薯苗正在慢慢发芽。
为了能有好的收成，
幼苗的培育是一项非常重要的工作。

咳咳 咳噗
啾啾

牛头伯劳

樱花树

菜粉蝶

旱田车站

镶黄蜾蠃

红灰蝶

葱

小麦田

农产品直销所

嘓嘓 噜儿

黄尖襟粉蝶

齿叶溲疏

山斑鸠

菱蝗

啾啾

茄子

长额负蝗的虫卵

关东蒲公英

日本弓背蚁

麻雀

环毛蚓掉进了
日本缺齿鼹挖的地道里

旱田里常见的蝴蝶和飞蛾

蝴蝶和飞蛾纷纷飞到旱田里，
寻找花蜜和幼虫吃的叶子。
吃饱了菜叶和花草的幼虫正在快速成长。

北黄蝶

北黄蝶的幼虫在
啃食毛豆叶

红灰蝶

甜菜白带野螟的幼虫

甜菜白带野螟

菜粉蝶

酢浆灰蝶

青凤蝶

菜粉蝶的幼虫

卷心菜

酢浆草

葱

菠菜

8

啾——啾啾啾
雀鹰

大避债蛾

梅树

天幕枯叶蛾的幼虫

镶黄蜡蠃的巢
黄长脚蜂的巢

农场厨房 北黄蝶

多疣壁虎

意大利蜜蜂

华南壁钱的巢
附地菜

宝盖草 白屈菜

荠菜

家长脚蜂

卡氏地蛛的巢

丽蝇

黄脸油葫芦的虫卵

洋葱

卷心菜

欧洲油菜

西洋蒲公英

诸葛菜

鼠妇

普通卷甲虫

红光
熊蜂蜂王

金龟子类的幼虫

日本田鼠挖的隧道

甘蓝夜蛾的虫卵

重环蛱蝶

黄尖襟粉蝶♀

黄尖襟粉蝶♂

黄尖襟粉蝶的幼虫

黄刺蛾的幼虫

黄刺蛾

柿子树

甘蓝夜蛾

黑纹粉蝶

荠菜

诸葛菜

小红蛱蝶

黑纹粉蝶的
幼虫

欧洲油菜

金凤蝶的成虫和幼虫

白萝卜

胡萝卜

5月

初夏，金色的麦田随风摇曳。
是时候找一个晴朗的好天气，
将南瓜、毛豆和番薯幼苗从温暖的
苗床移栽到田里了。

作物上聚集的虫子们

虫子们啃食着蔬菜的叶子，
吸食着果实和根茎中的汁液。
蜘蛛和螳螂正寻找着捕食它们的机会。

天幕枯叶蛾的幼虫

粉筒胸肖叶甲

梅树

大避债蛾

咳嘘咳嘘嘘

粉筒胸肖叶甲

红尾伯劳

啾哗啾哗
啾哗

大蜂虻

红光熊蜂

白尾灰蜻

胡蜂

农场厨房

啾哩啾哩啾
哩哩

走田

西瓜

蚁蛛 番茄

春飞蓬

黄瓜

华南壁钱的巢

白车轴草

三道眉草鹀 [wú]

小家鼠

黄脸油葫芦
的虫卵

洋葱

番薯

金龟子类的蛹

紫短翅芫菁

酢浆草

西洋蒲公英

卡氏地蛛的巢

日本蜈蚣

红光
熊蜂的巢穴

日本田鼠挖的地道

日本弓背蚁正在保护
蚜虫, 防止它们被七
星瓢虫捕食

大白菜的
菜花

胡萝卜

蚜虫

红菜蝽

赤条蝽

点蜂缘蝽

中华大刀螳
的幼虫

豆长刺萤叶甲

日本弧丽金龟

毛豆

茄子

茄二十八星瓢虫

番薯

11

6月

梅雨季节里，青梅正在慢慢长大。
潮湿的日子还要持续一段时间，
这也是作物容易生病的季节。
要好好巡视和修整田地，关注作物的生长。

黄刺蛾羽化后留下的茧
硫球球壳蜗牛
三条蜗牛
柿子树
条纹绿蟹蛛

不显口鼻蝇
日本蜜蜂
熊蜂
农产品直销所
果田车站
茄二十八星瓢虫

黑须稻绿蝽
红光熊蜂
哇哪咕
芋头
秋葵
齿叶溲疏
蝼蛄

南瓜
斑腿双针蟋
东北雨蛙
灰胸竹鸡
日本弧丽金龟
毛豆
茄子

日本缺齿鼹
黑足黑守瓜
环毛蚓

被田地的花儿吸引来的蜂和虻

各种蜂和虻在花丛中飞来飞去，
将蔬菜、水果的花粉
从雄蕊运到雌蕊上。

意大利蜜蜂
毛豆
木蜂
熊蜂
红光熊蜂
日本蜜蜂
沙泥蜂
彩带蜂
变侧异腹胡蜂
西瓜
茄子

日本锦蛇

天幕枯叶蛾的成虫

梅树

大避债蛾

okk okk

日本筒天牛

灰喜鹊

梅矮吉丁虫

麻雀

okk okk

胡蜂的巢

农场厨房

黄瓜

番茄

小麦田

番薯

华南壁钱的巢

隐纹谷弄蝶

青背长喙天蛾

黑腹果蝇

黄脸油葫芦
的幼虫

卡氏地蛛的巢

日本四线锦蛇

沙泥蜂

马齿苋

紫花酢浆草

番薯

金龟子类的
虫蛹

红光
熊蜂的巢穴

甘蓝夜蛾的幼虫

日本田鼠挖的地道

桃树

不显口鼻蝇

镶黄蜾蠃

长尾管蚜蝇

梅树

大蜂虻

粗切叶蜂

春飞蓬

家长脚蜂

细扁食蚜蝇

南瓜实蝇

羽芒宽盾蚜蝇

金龟长喙寄蝇

秋葵

黄瓜

番茄

13

黄刺蛾的幼虫

柿子树

条纹绿蟹蛛

7月

骤雨过后，芋头叶上的水珠
在晨光中闪闪发亮。
作物在太阳的照射下茁壮生长，
从现在起就能采摘夏季的蔬菜了。

红光熊蜂

栗耳短脚鹎

羽芒宽盾蚜蝇

桃树

意大利蜜蜂

粗切叶蜂

旱田车

农产品直销所

茄子

古铜异丽金龟

斜纹猫蛛

芋头

秋葵

异色瓢虫

黑足黑守瓜

银毛泥蜂

黑猫跳蛛

南瓜

毛豆

细角瓜蝽

环毛蚓

银毛泥蜂的巢穴

日本缺齿鼹挖的地道

旱田里聚集的各种生物们

田里的虫子吸引各种各样的生物前来捕食。
为了捕食蟋蟀和青蛙，
一条蛇在草丛中露出了身影。

日本草蜥

多疣壁虎

日本石龙子

日本蝮

蚰蜒

梅树

柿癣皮夜蛾

日本锦蛇蜕的皮

游隼

柑橘凤蝶

重环蛱蝶

原鸽

巨圆臀大蜓

菜粉蝶

胡蜂的巢

灰椋鸟

黄瓜

农场厨房

果蔬市场

番茄

华南壁钱的巢

凤仙花天蛾

日本石龙子

小麦田

一年蓬

西瓜

香薯

凤仙花天蛾
的幼虫

黑家鼠

日本玛绢金龟

卡氏地蛛的巢

日本森林鼠蛇的幼蛇

黄褐狡蛛

胡萝卜的种子

金龟子

红车轴草

升马唐

乌蔹莓

菱蝗

星豹蛛

红光
熊蜂的巢穴

番薯

甘蓝夜蛾的幼虫

日本黑褐蚁的巢穴

日本田鼠挖的地道

日本锦蛇

小家鼠

东北雨蛙
的幼蛙

东北雨蛙

日本森林鼠蛇

日本四线锦蛇

日本蟾蜍

15

条纹绿蟹蛛

东方螽[zhōng]斯 ♀

黄刺蛾

东方螽斯 ♂

柿子树

8月

人们每天都要除草和采收蔬菜，
在凉爽的早上和傍晚干完当天的农活。
在盂兰盆节期间，田里也要休息一会儿。

秋葵

旱田车站

南瓜实蝇

芋头

榆缘椿象

日本似织螽

鬼脸天蛾的幼虫

日本鼬

蝠蛉曲腹蛛

毛青步甲

西瓜

南瓜

毛豆

银毛泥蜂

茄子

黑须稻绿蝽

日本缺齿鼹挖的地道

环毛蚓

夜间造访旱田的动物们

田里的农作物和虫子
引来了许多动物。
平时藏在工具间的貉和果子狸，
到了夜晚纷纷来到田里。

日本中鼩鼱

日本缺齿鼹

黑家鼠

小家鼠

日本鼬

貉

长尾林鸮

咕喵 呱呱

梅树

蟋蟀

豆天蛾

普通伏翼

番茄

黄瓜

甘薯天蛾

多疣壁虎

农场屋顶

华南壁钱的巢

鬼脸天蛾

突灶螽

小麦田

野猪

龙葵

卡氏地蛛的巢

日本中蟊螽

番薯

甘蓝夜蛾
的幼虫

咕喵咕喵喵

黄脸油
葫芦

胡萝卜

单齿蝼步甲

日本蝮

日本蟾蜍

捂头蟋

红光
熊蜂的巢穴

番薯

日本田鼠挖的隧道

日本黑褐蚁

日本田鼠的幼崽

果子狸

浣熊

日本猕猴

亚洲黑熊

野猪

梅花鹿

17

黄刺蛾的幼虫

柿子树

9月

在夏季蔬菜采收完的田里，
撒下大白菜和芜菁的种子。
在秋冬寒冷的季节里，
人们会多种一些叶菜类和根菜类蔬菜。

茄二十八星瓢虫

旱田左

稻弄蝶

芋头

农产品直销所

黄地老虎

大食虫虻

菱蝗

大白菜

貉

螽斯

南瓜

长额负蝗

白萝卜

黄脸油葫芦

茄子

日本条螽

黑足黑守瓜

环毛蚓

日本缺齿鼹挖的地道

旱田里蝗虫的伙伴们

蚱蜢等直翅目昆虫在田埂上跳跃飞舞。
蟋蟀在堆肥场那里鸣叫，
树上传来螽斯的歌声。

东方螽斯♂

东方螽斯♀

瘤喉蝗

长额负蝗

日本条螽

菱蝗

梅树

啾啾

啾啾

灰椋鸟

油蝉

嘎嘎

嘎嘎

大嘴乌鸦

果子狸

哦嘎咕咕咕咕

黄蜻

寒蝉

稻眼蝶

农场厨房

果蔬市场

华南壁钱的巢

蒜

小麦田

赤条蜻

隐纹谷弄蝶

蝎步甲

豆长刺萤叶甲

黄褐狡蛛

中华大刀螳

卡氏地蛛的巢

迷卡斗蟋

胡萝卜

漏斗蛛

波斯菊

翅果菊

淡蓝步甲

番薯

日本黑褐蚁

红光
熊蜂的巢穴

日本田鼠挖的隧道

斑腿双针蟋♀

日本蟋蟀

哈嘎哈嘎嘎嘎

斑翅灰针蟋♂

哔~哔~

蟋螽

黄脸油葫芦♂

斑腿双针蟋♂

鼻优草螽

黄脸油葫芦♀

斑翅灰针蟋♀

日本似织螽

日本黄脊蝗

螽斯♀

迷卡斗蟋

棺头蟋

黄脸油葫芦

嘶~哔~

螽斯

终于到了收获的秋季，
初夏种的芋头苗和番薯苗，
现在已经变得又大又圆。
进入初冬，白萝卜和胡萝卜在不停地生长。
小麦田里要准备播撒麦种了。

10月

茶翅蝽

栗耳短脚鹎

柿子树

芋头

旱田车站

小麦

麻雀

大白菜

日本缺齿鼹

八瘤艾蛛

十二斑褐菌瓢虫

七星瓢虫

灰椋鸟

夹虎甲

瘤喉蝗

星豹蛛

长额负蝗

黄褐狡蛛

黄脸油葫

菠菜

环毛蚓

白萝卜

旱田中见到的各种蜘蛛

蜘蛛有的布网，有的到处走动。
田里的农作物周围，
各种各样的蜘蛛在忙着捕食猎物。

黄褐狡蛛

条纹绿蟹蛛

白斑猎蛛

蟾蜍曲腹蛛

黑猫跳蛛♂

黑猫跳蛛♀

星豹蛛

三突花蛛

斜纹猫蛛

波纹花蟹蛛

普通鵟
哞哞
梅树
李拖尾锦斑蛾
红光熊蜂
秋赤蜻
农场厨房
果蔬市场
小红蛱蝶
彩带蜂
波斯菊
横纹金蛛
华南壁钱的巢
黄长脚蜂
灌木新圆蛛
中华大刀螳
丽蝇
甘蓝夜蛾
金凤蝶的幼虫
卡氏地蛛的巢
老鼠的尸体
波纹花蟹蛛
繁殖肥蝇
狗尾草
狼尾草
埋葬甲
粪金龟
胡萝卜
红光熊蜂的巢穴
番薯
日本黑褐蚁
日本田鼠挖的隧道

横纹金蛛
灌木新圆蛛
八木氏痣蛛
八瘤艾蛛
蚁蛛
漏斗蛛
华南壁钱

21

黄刺蛾的茧

暗绿绣眼鸟

啾、啾啾噜 啾啾噜

柿子树

黑腹果蝇

11月

山上的枫叶变了颜色，
院子和杂木林里堆满了落叶。
人们在采收大葱和萝卜等冬季蔬菜时，
还要把落叶收集起来，
制成明年的肥料。

栗田车站

农产品直销所

变侧异腹胡蜂

大白菜

小麦田

甜菜白带
野螟

日本猕猴

芜菁

日本蚕螬

动物的粪便

斑翅灰针蟋

长额负蝗
的虫卵

黄褐狡蛛

菠菜

日本缺齿鼹挖的地道

白萝卜

环毛蚓

在旱田里觅食的鸟儿们

田地里空无一人，
鸟儿们到处活动寻找食物。
麻雀和灰椋鸟落在田间，
挖地里的虫子吃。

牛头伯劳

咳咳 咳噜咳噜
啾、啾

呼勃勃 呼勃勃

啾、啾

栗耳短脚鹎

啾噜 啾噜

麻雀

雉鸡

白鹡鸰

啾、啾

呼啾啾噜
呼啾啾噜

云雀

梅树

嘎嘎　大嘴乌鸦

啲恰

被牛头伯劳插在
树枝上的猎物

锡嘴雀

稻弄蝶

农场厨房

果蔬市场

中华一番

斐豹蛱蝶

白鹡鸰 [jí líng]

金凤蝶的蛹

华南壁钱的巢

棕静螺

浣熊

马陆

狼尾草

甘薯天蛾的蛹

黄脸油葫芦

长鬃蓼

卡氏地蛛的巢

琉璃蛱蝶

胡萝卜

日本黑褐蚁

日本森林鼠蛇
的幼蛇

红光
熊蜂的巢穴

日本田鼠

啾啾啭
啾啾啭

暗绿绣眼鸟

哗啾

普通鵟

呼喔

啾喠 啾喠

灰脸鵟鹰

嘎嘎

啾喠 啾喠

灰椋鸟

山斑鸠

喟嘟 嘟

大嘴乌鸦

12月

麦田上积着一层雪。
为了让小麦牢牢地扎根生长，
人们会在冬天用脚踩踏麦苗。
在感恩过去一年和
祈祷新的一年粮食丰收的同时，
人们也要开始准备过年了。

旱田的一年　　附录

旱田的一年 解说…26

旱田的农事安排…30

《旱田的一年》农作物图鉴…32

旱田用语词典…34

旱田生物索引…36

旱田的一年　解说 1

1月 冬季，繁忙的农活暂时告一段落。为了迎接即将到来的春天，这个月里要检查农具，开始翻土耕地。早晨的田地被霜染成白茫茫一片，雪国的田地仍掩埋在大雪下。不知从哪儿传来雉鸡"咯！咯咯！"的叫声。

【旱田的一年开始了】在种植着各种蔬菜的田地里，并不能清楚地划分一年的界限。和有许多种蔬菜生长的季节相比，虽然寒冷的冬季里作物种类较少，但田地间也能种一些蔬菜。

2月 日本树莺知晓了春天的到来，耐寒的葱和卷心菜熬过了冬季继续生长。在万物萧条的景色中，麦田碧绿的嫩叶格外引人注目。

①和每年种植水稻的水田不同，旱田每年都得计划"田里的哪块地种些什么"。②越冬生长的大葱。为了让葱白部分变长，要及时培土。③寒风呼啸，日本关东蒲公英紧贴在地面上过冬。④剪枝后，梅树等待着春天的到来。⑤落叶发酵做成堆肥，以备春耕之用。

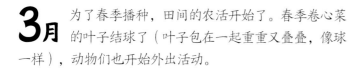

3月 为了春季播种，田间的农活开始了。春季卷心菜的叶子结球了（叶子包在一起重重又叠叠，像球一样），动物们也开始外出活动。

①喜好啄食梅树花蜜的暗绿绣眼鸟。②日本辛夷被称作"播种樱"，它开花标志着春季农活的开始。③播种作物前，在地里撒下石灰、堆肥、鸡粪和化肥之类的基肥，调整土壤，让作物生长得更快。④为明确田地边界而栽种的灌木。⑤越冬后的春季卷心菜，天气变暖后就会结球。

4月

夏季的蔬菜——秋葵开始播种了，卷心菜快要采收了。蝴蝶飞到蔬菜叶子上产卵，鸟儿聚在新翻的泥土上寻找虫子。

①为夏季做准备，播下秋葵种子。②为了收获种子，等待葱花开放。许多小花聚集而成的葱花被称作"大葱花"。③梅树结果了。④正在享受沙浴的麻雀。麻雀把沙子洒到全身的羽毛里，驱除身上的寄生虫。⑤培育番薯苗的苗床。为了提高土壤的温度，人们用木棚将苗床围起来。

5月

小麦抽穗了，紫色的茄子花也开了。随着蔬菜生长，杂草茂盛起来。吸食植物汁液的蚜虫和椿象等害虫也变多了。

①雉鸡拍打着翅膀，鸣叫着以示自己的领地范围。②洋葱迎来了收获期。叶片向下倒伏是洋葱收获的信号。③野草丛生，不停地疯长。除了用手、镰刀和锄头除草外，在面积大一些的地里会用到割草机。④在采收完大白菜的地里种上番薯苗。⑤害虫粉筒胸叶甲在啃食梅树树叶。

6月

茄子和毛豆开始结果，梅子也迎来了收获的时期。在收割完小麦后的田里，吃落穗的麻雀们都飞走了。

①梅子快要熟了。梅树周围的空气中弥漫着甜甜的香气。②灰胸竹鸡带着雏鸟出现在旱田里。③黄刺蛾羽化后留下的蛹，蛹上的开口像是用切割工具切开的一样。④秋葵花白天开放，到了晚上就会凋谢。⑤花蜂在为南瓜传授花粉。有时也会人工授粉。

旱田的一年　解说 2

7月 随着梅雨季节来临，黄瓜、番茄和秋葵等夏季蔬菜逐渐成熟。人们在采收完洋葱的地里播下胡萝卜的种子。

①黄瓜藤蔓爬上网架，挂着一个个果实。②芋头有着硕大的叶子。③工具间的屋檐下挂着一个胡蜂窝。④凤仙花天蛾的幼虫正在啃食番薯叶。⑤采摘后的梅子在阳光下晒干，将被制成梅干。

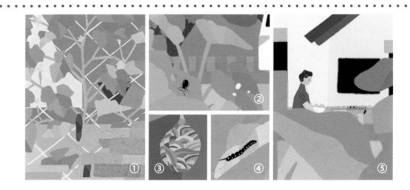

8月 这是夏季蔬菜大丰收的时期，即将在秋天采收的芋头、番薯也在地下生长变大。夏夜的田野里，有各种各样的动物出没。

①茄子的采收期很长。修剪枝叶能促进新枝长出，让茄子在秋天也能产茄。②叶子分叉处开花，结出毛豆。③银毛泥蜂将蝗虫拖入地下巢穴。④在蔬菜叶子丛中，夜行性蝮蛇在捕猎青蛙和老鼠。⑤秋葵长在叶和茎的连接处，在个头适中时需尽快采收。

9月 秋茄子开始结果，毛豆也采收完了。种在地里的白萝卜长得很好。秋冬寒冷时期，人们主要种些叶菜类和根茎类蔬菜。

①播种2个月后，胡萝卜的根开始变大变红。②夕阳下，田里有貉出没。它们会在工具间里安家。③秋天的田里经常能看见长额负蝗，个头稍小的是雄虫。④灰椋鸟在田里捉虫觅食，到了傍晚就成群归巢。⑤芋头长到了近2m高。晚秋霜降后，叶子变黄了便可以采收芋头了。

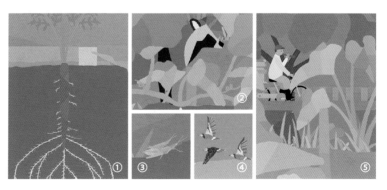

10月

柿子变色后，芋头和番薯就可以采收了。在采摘完茄子的地里撒下菠菜种子，菠菜在寒冷的冬季也能生长。

①孩子们收割着比自己还高的芋芳叶，挖出地下粗壮的块茎（芋头）。像茎一样的叶柄也可以食用。②动物的尸体旁聚集着许多虫子。③日本缺齿鼹正忙着往地道外搬运多余的土块。④栗耳短尾鹎盯着枝头上熟透了的柿子。⑤气温下降，蚯蚓钻到地下更深处。

11月

播种 2 个月后，芜菁和萝卜迎来了收获的时期。早熟的菠菜在播种后 40 天左右就可以采摘了。

①萝卜根长到直径 7cm 左右就能采收了。轻轻地拔出，小心不要折断了。②想要明年也能有好收成，枝头上要留一两个柿子。③牛头伯劳抓住猎物，将猎物插在树枝上。④采摘下来的柿子略有些苦涩，将其晒干，制成美味的柿子干。⑤大伯将田里挖出的番薯做成烤红薯，拿出去贩卖。

12月

冬天的应季蔬菜是胡萝卜和大白菜。人们在田里踩踏麦苗，让麦子的根更加强壮。工具间的屋檐下，刚收的萝卜正挂在寒风中风干，它们将被腌制成萝卜干。

【旱田的一年】旱田里农活的安排和常见生物的变化，与种植的作物种类、栽培方法和风土气候都有关系。考虑到环境、作物与生物间的关系，在旱田里观察生物的乐趣会越来越多。

旱田的农事安排

1~2月 制订种植计划、翻地

在寒冬，露天的旱地里没有太多农活要干。在这段时间里制订好全年的种植计划，开始翻土耕地，为种植作物做准备。

种植越冬的蔬菜

也有像洋葱和卷心菜等蔬菜，在前一年的秋天播种，越冬后在春天或初夏时采收。这段时间里要注意低温，精心培育。

3~4月 施肥、堆田垄

随着气温升高，3月里的农活开始繁忙起来。为了播种和种下秧苗，耕田、施肥、挖水渠和堆田垄缺一不可。

播种、育苗

樱花烂漫时，就要正式开始春天的播种了。根据作物的不同，有的要把种子直接撒到地里，有些则要预先在花盆一样的苗床里播好，培育出幼苗。

5~6月 幼苗移植

到了初夏，许多蔬菜幼苗（如茄子苗、番茄苗和番薯苗等）需要从苗床里移栽到田地里。为了支撑会攀爬或是结出较大果实的作物，还必须搭好支架，拉上网。

浇水、预防害虫、除草、照料农作物

这是种子发芽，移栽到旱田的幼苗茁壮成长的季节。旱田里，农民们正忙着浇水、除草，以及去除多余的枝芽或是摘芽。这段时期还要注意病虫害。

7～8月 采收夏季蔬菜

待梅雨季结束，茄子、番茄和黄瓜等夏季蔬菜相继成熟。人们每天都要浇水和除草，还要采收成熟的蔬菜。另外，秋季作物也要开始播种了。

制作梅干

把在梅雨季节采摘的梅子先用盐腌制，然后放在太阳下晒干制成梅干。直接晒干的梅干称作"白梅干"，白梅干进一步腌制，就成了腌梅干。

9月 播种秋季蔬菜

夏天接近尾声时，要准备播种白萝卜和菠菜这些秋季生长的蔬菜了。夏季播种过其他作物的土壤营养耗尽，需要施肥后才能播种。细心照料种子发芽吧。

10～11月 秋收

晚秋开始准备在冬季种植的作物。试着挖出长在地里的番薯和芋头，要在低温和长时间降水前采收，防止块茎腐坏。

12月 清扫落叶，做堆肥，采收冬季蔬菜

白萝卜、芜菁和白菜等蔬菜在冬天应季成熟。在庭院或树林里收集落叶做成堆肥，供来年给土地施肥。此时，还要采收冬季成熟的蔬菜。

制作可以保存的食物

秋冬，田里的农活变得轻松了不少。这时，可以把收获的柿子在屋檐下晾晒制成柿子干，用白萝卜、芜菁和白菜做腌菜。

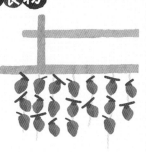

《旱田的一年》农作物图鉴

梅
早春时节开花，六月左右就能收获有着甜甜香气的梅子。梅子经过日晒和盐渍，制成梅干。梅雨一词指的是梅子结果时期的降雨。

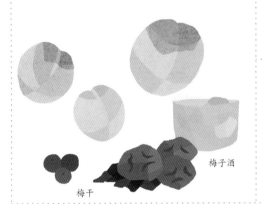

梅子酒

梅干

柿子
初夏时开花，经过漫长的时间积累，果实才在秋季成熟。为了抢食熟透的柿子，鸟儿们争相停在柿子树上。

柿子干

黄瓜
藤蔓会爬上支架或网架生长。夏季藤蔓上陆续结出黄瓜。采摘先结的黄瓜食用，黄瓜完全成熟后会变成黄色。

盂兰盆节的精灵马

黄瓜蘸酱

芜菁
耐寒性强，能在秋季到冬季期间成长。圆润的根茎会膨大，挤到地面上来。芜菁可以用来做酱菜。

芜菁片

小麦
有春季播种和秋季播种两种小麦。用脚踩小麦即"踏麦"，能使小麦的根长得更加牢固，茁壮生长。

食用面包

意大利粉

毛豆
在大豆尚未成熟时就采收的豆子。在夏季开出细小的花，然后结出成串的豆荚。

盐水毛豆

南瓜
藤蔓在地面上匍匐伸展，上面结出果实。会开雌花和雄花，雌花的基部长有将成为果实的圆形子房。

炖南瓜　南瓜汤

番薯
把苗床里培育的长有叶子的茎切成小块，插到泥土里慢慢培育。茎根部分在泥土中延伸和膨大，变成番薯。

日式拔丝

秋葵
边开花边一直往上方结出果实。为了不让果实太大以至于味道变差，需比较频繁地采收。

秋葵纳豆

白灼秋葵

卷心菜
虽然卷心菜喜好凉爽的气候，但也适合全年栽培。当叶子长到20多片时，内部的叶子开始卷成球状（结球）。

炖卷心菜

卷心菜丝

芋头
地上茎叶部分能长到1~1.5m高，叶片宽大。收割时，要切掉茎，再把成熟的地下块状茎拉上来。

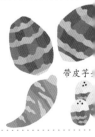

带皮芋头

西瓜

藤蔓会贴在地上生长，叶子外形呈裂片状。甜甜的西瓜经常会引来浣熊等动物偷吃。

番茄

茎能长到2m以上，由支架支撑着生长。形状复杂的番茄叶下，原本绿色的番茄在成熟后会变为红色。

番茄酱

葱

日本关东地区的人大多喜食葱白较长的大白葱，而关西地区的人则喜食绿色部分较长的小青葱。

大白葱

小青葱

白萝卜

主要在夏末开始培育，秋冬之时采收。在白萝卜的产地，常常能看见人们为了制作腌萝卜，把成排的白萝卜摆在室外，在寒风中晾干的景象。

萝卜泥

腌萝卜

关东煮

茄子

自古以来就在日本种植，现培育出了很多品种。种植时会插1~3根支架来帮助茎部生长。从初夏到秋季，都可以采收茄子。夏收之后，剪掉枝条，长出的新枝条上结出的茄子叫作秋茄子。

盂兰盆节的精灵马

腌茄子

烤茄子

白菜

耐寒性强，在冬季常用来煮火锅，拿来做腌白菜等。白菜、卷心菜和白萝卜都属于十字花科蔬菜。

腌白菜

菠菜

在冬季的田里长出茂盛、绿油油的叶子。秋季播种后，40天左右就能采摘。菠菜根是红色的。

拌菠菜

洋葱

假如只看长在地面上的叶子，跟一般的葱很难分辨。逐渐长成后，挨着土壤的叶子基部慢慢变大、变胖，长成洋葱的样子。

洋葱圈

洋葱汤

胡萝卜

地上的叶片有细小的纹路，十分美丽，可以当成沙拉来吃。从播种到收获大约要4个月。

胡萝卜汁

咖喱

桃

和梅一样属于蔷薇科植物。开粉色的花朵，花期比樱花更早。七八月份时，会结出大大的、有纵向切纹般的果实。

桃子罐头

旱田用语词典

播种 作业

把种子种下去。播种时不在苗床培育，而直接撒在旱田里叫作"直接播种"。

堆肥桶 农具

让厨余垃圾在微生物和细菌的作用下快速发酵并变成堆肥的桶。

剪刀 农具

根据东西形状的不同，剪刀有各种样式。为了省力，人们在剪刀的设计上花了很多工夫。

叉子 农具

用来把割下来的草或者堆肥收集在一起的农具。叉子的前端很尖。

肥料 农具

培育农作物的养分。播种前施的肥料叫基肥，生长过程中施的肥料叫"追肥"。

昆虫授粉 自然

蜜蜂等昆虫搬运花粉帮助农作物授粉。人们有时会饲养昆虫为植物授粉。

铲子 农具

移栽时，用来挖掘和混合肥料的农具。铲子有不同的大小和形状。

耕耘机 农具

有各种功能的小型机械。人在后面推着它前行，能够耕田和培垄。

镰刀 农具

用于割草及清理农作物采收后留下的根茎的农具。适合用来收割作物。

大棚 设备

人们会在温暖的大棚里种植农作物。在户外种植农作物叫作"露地栽培"。

害虫 自然

对作物有害的昆虫，如啃食叶子的蝴蝶幼虫，吸食茎内汁液的蚜虫等。

凉布 农具

用来防止作物受到暴晒、严寒和虫蛀等危害的布。一般铺在隧道型的支架上使用。

堆肥 农具

落叶等有机物在微生物和细菌的作用下分解，得到的有机肥料。

护根薄膜 农具

覆盖在旱田上，用来调节温度、除掉杂草的纸或者塑料薄膜。

苗床 设备

培育作物幼苗的地方，也称为"苗田"。有时，为了让土壤的温度上升，会用木框将其围起来。

耙子　农具

有像梳子一样的刃，是平土、松土的工具。也能在收集干草和收割作物时派上用场。

绳子　农具

除了用来连接支架，绳子也能用来确定田垄的位置，以及播种时当作辅助线来调整株距。

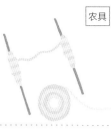

益虫　自然

对栽培的作物有益的昆虫。如搬运花粉的蜜蜂，捕食害虫的蜘蛛和七星瓢虫等。

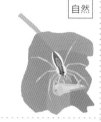

培土　作业

给蔬菜根部盖上土，以适应作物生长。栽培大葱时，为了让葱白变长，需调整培土量。

田垄　设备

田间耕地上培起的一行一行土埂，把作物种植在上面，便于排水。

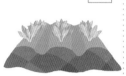

育苗　作业

指在花盆和花架上培育作物的幼苗。幼苗长大后，就要移栽到田地里。

喷壶　农具

一种给作物浇水的农具。转动出水口，能控制洒水量。

铁锹　农具

起垄和挖沟的工具。既有单刃的平锹，也有像叉子一样的三齿耙。

摘芽　作业

修整枝条或者藤蔓的农活。把多余的芽去掉叫作"去芽"或是"摘芽"。

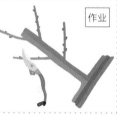

喷雾器　农具

用来喷洒除草剂除草或喷洒液体肥料给农田施肥的工具。

拖拉机　农具

人们驾驶的大型农业用械。主要在宽阔的田地里使用。

支架　农具

用来支撑藤蔓作物和那些结较大果实的作物。种植黄瓜时要用网和支架支撑藤蔓。

三角锄　农具

用来整理田垄形状和除去地表杂草的一种农具。前端有洞的三角锄头，叫作"除草锄"。

移栽　作业

把苗床上培育好的苗移植到旱田里。也被称作"移植"或"定植"。

株　单位

计量植物数量的单位。有时要按作物的种类，来决定每一株作物的间距（株距）。

旱田生物索引　1

以下内容是本书中出现的主要生物索引。

各种蝴蝶

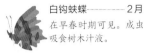

白钩蛱蝶——2月
在早春时期可见。成虫吸食树木汁液。

北黄蝶——4月
幼虫以毛豆等豆科植物为食。

菜粉蝶——2~4·7月
幼虫主要以白菜等植物的叶子为食。

稻弄蝶——9·11月
常见于水田附近的旱田里。秋季数目会变多。

稻眼蝶——9月
在明亮的草地上缓缓地飞舞。

斐豹蛱蝶——11月
常见于晚秋时节。雌蝶的翅膀尖端呈青黑色。

柑橘凤蝶——7月
幼虫会啃食橘子树等树木的叶子。

黑纹粉蝶——3·4月
幼虫主要以 菜等十字花科植物为食。

红灰蝶——4月
常见于春季到秋季，阳光充足的地方。

黄尖襟粉蝶——4月
在春季可见。栖息在阳光充足的地方。

金凤蝶——4·5·10·11月
幼虫主要以胡萝卜叶子为食。

琉璃蛱蝶——11月
以成虫形态越冬。常在树林附近的旱田里出现。

朴喙蝶——3月
常见于树林附近的农田里。以成虫形态越冬。

青凤蝶——4·5月
初夏到盛夏季节，雄虫经常聚集在水边。

小红蛱蝶——4·10月
幼虫主要以牛蒡叶为食。

隐纹谷弄蝶——6·9月
停在叶子上时会展开前翅。秋季成群出现。

重环蛱蝶——4·7月
常见于种植着梅树或樱花树的人家周围。

酢浆灰蝶——3·4月
常出现在民居和旱田附近。以酢浆草的叶子为食。

各种飞蛾

大避债蛾——2~6月
会在枝头结一个囊巢，雌虫在其中度过一生。

豆天蛾——8月
常聚集在灯火下。幼虫以毛豆叶为食。

凤仙花天蛾——7月
幼虫以植物的叶子为食，在短时间内会快速长大。

甘薯天蛾——8·11月
幼虫主要以番薯叶为食，在地下成蛹。

甘蓝夜蛾——6~8·10月
幼虫一到晚上就会爬到地面上，啃食旱田里的白菜叶。

鬼脸天蛾——8月
背上的花纹酷似人脸。幼虫以茄子叶为食。

黄刺蛾——2~9·11月
幼虫以柿子等植物叶为食，结的茧和鸟蛋一样大。

黄地老虎——9月
幼虫以芜菁的根为食，也被称作"切根虫"。

李拖尾锦斑蛾——10月
幼虫主要以梅子树和樱花树的叶子为食。

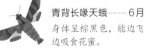

青背长喙天蛾——6月
身体呈棕黑色，能边飞边吸食花蜜。

柿癣皮夜蛾——2·7月
外表酷似树皮。幼虫以柿子叶为食。

天幕枯叶蛾——2~6月
成虫围绕着枝头产卵，幼虫以梅树叶为食。

甜菜白带野螟——11月
前后翅呈灰褐色或黄褐色，幼虫以菠菜叶为食。

蜜蜂和蚂蚁

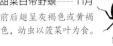

变侧异腹胡蜂——6·11月
在光线阴暗的地方筑巢。

彩带蜂——6·10月
常聚集在茄子花周围吸食花蜜。

粗切叶蜂——6·7月
在土中或者竹竿内筑巢，会搬运切下来的叶子。

红光熊蜂——2~11月
在地下的老鼠洞和鼹鼠洞中筑巢。

胡蜂——2·5~7月
蜂巢呈巨大的球状。以其他昆虫为食。

黄长脚蜂——2~4·10月
横向筑起较大的巢，主要以蛾等昆虫为食。

家长脚蜂——4·6月
把蝴蝶幼虫咬碎，卷成球状运回巢穴中。

木蜂——5·6月
以花粉和花蜜为食。用枯萎的树枝造巢。

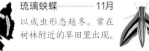

日本弓背蚁——3~5月
喜欢在光照充足、干燥的地方筑巢，巢穴深1-2m。

日本黑褐蚁——7~11月
体型比日本弓背蚁小。巢穴深度大约1m。

日本蜜蜂——3·6月
以花粉和花蜜为食，在山地筑巢。

沙泥蜂——6月
把蛾的幼虫拖入土中，并在它体内产卵。

镶黄蜾蠃——2~4·6月
用泥土造巢。以蛾的幼虫为食。

熊蜂——6月
以花粉和花蜜为食，在地下筑巢。

炎熊蜂——3月
初春时期出现，以花粉、花蜜为食。

意大利蜜蜂——4·6·7月
自古以来就被人们饲养，用来获取蜂蜜。

银毛泥蜂 —— 7·8月
在泥土中筑巢，会把日本条螽拖进巢穴中。

羽芒宽盾蚜蝇 —— 6·7月
成虫常聚集在花朵周围。幼虫栖息在水中。

瘤喉蝗 —— 9·10月
主要栖息在树林边的灌木上。以农作物的叶子为食。

各种甲虫

油蝉 —— 9月
常栖息在梨树、桃树等果树较多的地方。

各种苍蝇和蚜蝇

长尾管蚜蝇 —— 5·6月
聚集在花朵周边。幼虫生活在水中。

迷卡斗蟋 —— 9月
常见于旱田和草地上，小型蟋蟀。

茶翅蝽 —— 10月
聚集在小屋内越冬，吸食柿子等果实汁液。

其他昆虫

不显口鼻蝇 —— 6月
幼虫主要以腐食为生，成虫吸食花蜜。

各种蟋蟀

日本黄脊蝗 —— 2·9月
秋季羽化为成虫，以成虫形态越冬。初春开始活动。

赤条蝽 —— 5·9月
全身有黑色条纹，吸食胡萝卜花和种子汁液。

白尾灰蜻 —— 5月
常见于夏季旱田里，在其间休息。

大蜂虻 —— 5·6月
常在初春出现，用很长的喙吸食花蜜。

斑翅灰针蟋 —— 9·11月
在草坪、旱田和干燥的草地上可见。

日本似织螽 —— 8·9月
常见于旱田和草地，以昆虫为食。

点蜂缘蝽 —— 5月
豆科、禾本科植物害虫。成虫飞起时与蜜蜂相似。

单齿蝼步甲 —— 8月
成虫形态越冬。以蛾子、金龟子的幼虫为食。

大食虫虻 —— 5·9月
捕食金龟子和蜜蜂，属于大型虻。

斑腿双针蟋 —— 6·9月
腿上有斑纹。在旱田或民居中可见。

日本条螽 —— 9月
栖息在草地上，以各种植物为食，夜行性昆虫。

寒蝉 —— 9月
出现在夏季尾声，停留在各种树木上。

淡蓝步甲 —— 2·3·9月
在堆肥附近活动、爬行。捕食蚯蚓和其他昆虫。

黑腹果蝇 —— 6·11月
常聚集在成熟的果实和腐烂的蔬菜周围。

鼻优草螽 —— 2·9月
每只颜色都不相同。秋季成虫，以成虫形态越冬。

日本螽蟖 —— 9·11月
外形极像机器人。不会飞，擅长跳跃。

黑须稻绿蝽 —— 6·8月
俗称"臭板虫""梨蝽象"，吸食毛豆等蔬果的汁液。

豆长刺萤叶甲 —— 5·9月
啃食毛豆、菠菜等蔬菜叶子。

金龟长喙寄蝇 —— 6月
幼虫寄生在金龟子科的昆虫体内。

东方螽斯 —— 8·9月
主要栖息在树上，以昆虫为食。

突灶螽 —— 8月
常栖息在小屋地板下。晚上从地板下爬出来。

红菜蝽 —— 5月
常见于大白菜等十字花科植物上。

粉筒胸肖叶甲 —— 5月
幼虫主要以梅树和梨树叶为食。

丽蝇 —— 4·5·10月
常在垃圾堆或者堆肥里产卵。

棺头蟋 —— 8·9月
主要在夜间活动。雄虫脸部略扁平。

蟋螽 —— 8·9月
栖息在树上，以昆虫和果实为食。夜行性昆虫。

瘤缘椿象 —— 8月
茄子、番茄和番薯等作物害虫。吸食植物茎叶的汁液。

粪金龟 —— 10月
会聚集在动物粪便和尸体周围。

南瓜实蝇 —— 6·8月
幼虫主要以南瓜、西瓜等瓜类为食。

黄脸油葫芦 2~6·8~11月
栖息在旱田和草地上。8月左右化为成虫。

长额负蝗 —— 2~5·9~11月
在叶子较大的南瓜等植物周围可见。

细角瓜蝽 —— 5·7月
以成虫形态越冬，对南瓜、黄瓜等农作物有害。

古铜异丽金龟 —— 7月
经常待在毛豆等植物的叶子上，幼虫以植物的根为食。

细扁食蚜蝇 —— 3·6月
常聚集在花朵周围。幼虫捕食蚜虫。

菱蝗 —— 4·7·9月
常在旱地上跳来跳去。身上的花纹各不相同。

螽斯 —— 9月
梅雨季节后化为成虫，一直活跃到9月左右。

蚜虫 —— 5月
在各种植物上爬行，吸食植物汁液。

黑足黑守瓜 —— 6·7·9月
围着圈儿啃食南瓜等蔬菜叶。

旱田生物索引 2

黄蜻 …… 9月
常见于离水边较远的草地上。

秋赤蜻 …… 10月
夏季栖息在高原和山顶，秋季回到低地产卵。

棕静螳 …… 2·11月
常在旱田或仓库内捕食猎物。

横纹金蛛 …… 10月
在网的中央处布下 "Z" 形的稳定丝带。

各种各样的
生物

夹虎甲 …… 10月
常在旱田和庭院里来回爬行，也捕食其他的昆虫。

日本弧丽金龟 …… 5·6月
幼虫以植物根为食，成虫以植物花叶为食。

中华大刀螳 …… 2·9月
在旱田间捕食昆虫或其他小动物。

华南壁钱 …… 2~11月
在小屋墙壁上结圆形的、像帐篷一样的网。

东北雨蛙 …… 6·7月
也会栖息在庭院里，以蜘蛛或者蛾的幼虫为食。

金龟子类 …… 2~7月
幼虫以蔬菜等植物的根为食。

日本玛绢金龟 …… 7月
幼虫以植物的根为食，成虫以植物的叶子为食。

各种蜘蛛

黄褐狡蛛 …… 5·7·9~11月
主要在旱田和草地里活动，体色多有变化。

多疣壁虎 …… 2·4·7·8月
在小屋附近可见。捕食被光吸引来的虫子。

巨圆臀大蜓 …… 7月
常在水边游弋，飞来飞去。

日本筒天牛 …… 6月
成虫以梅树、桃树和樱花树的叶子为食。

八瘤艾蛛 …… 10月
在网的中央，把吃剩下的残渣用丝缠绕起来打结。

卡氏地蛛 …… 2~11月
会在地上布下伸展到地下的管状巢。

环毛蚓 …… 2~11月
主要以土中有机物、微生物为食。

柯式素菌瓢虫 …… 5月
以附着在植物上的白粉菌等菌类为食。

十二斑褐菌瓢虫 …… 10月
主要以灌木上的白粉菌等菌类为食。

八木氏瘤蛛 …… 10月
常在叶子上布下圆形的小网。

漏斗蛛 …… 9·10月
会布下棉布一样的网，等待猎物。

蚰蜒 …… 6月
常出现在旱田和民居里。对农作物有害。

埋葬甲 …… 10月
常在石头下见到，聚集在动物粪便和尸体周围。

小青花金龟 …… 5月
常聚集在一年蓬野植物的花旁吸食花蜜。

白斑猎蛛 …… 10月
头部、胸部有白色的条纹，跳跃前行。

三突花蛛 …… 10月
不筑巢，埋伏在花叶上袭击其他昆虫。

琉球球壳蜗牛 …… 6月
喜欢栖息在明亮的地方。啃食旱田里的农作物。

毛青步甲 …… 8月
会群聚过冬。栖息在旱田和草地上，以其他昆虫为食。

异色瓢虫 …… 2·5·7月
贴在小屋墙壁上，以成虫形态群聚越冬。

波纹花蟹蛛 …… 10月
四处走动，会埋伏在叶上袭击其他昆虫。

条纹绿蟹蛛 …… 6~8·10月
身体翠绿色，栖息在树木的叶子上。

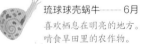
马陆 …… 2·3·11月
栖息在旱田和民居附近。在日常生活中经常能看到。

梅矮吉丁虫 …… 6月
幼虫会钻进梅树叶子中，边爬边啃食叶子。

缘殖肥螋 …… 10月
体型较大，暗褐色，常见于落叶下和堆肥里。

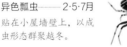
蟾蜍曲腹蛛 …… 8·10月
经常伪装成鸟粪捕食其他动物。

斜纹猫蛛 …… 5·7·10月
不筑巢。为了寻找猎物而四处走动。

普通卷甲虫 …… 2~5月
以落叶、果实等多种植物为食。

七星瓢虫 …… 3·5·10月
是益虫，以蚜虫等旱田害虫为食。

蝎步甲 …… 9月
白天藏在旱田中的草根附近，夜行性昆虫。

灌木新圆蛛 …… 10月
体长6~8mm。常见于水田附近的旱田。

星豹蛛 …… 7·10月
将卵袋放到腹部上护卵。不筑巢。

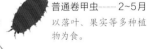
日本草蜥 …… 5·7月
栖息在旱田和草地里。捕食蜘蛛等昆虫。

茄二十八星瓢虫 5·6·9月
幼虫和成虫都以茄和西红柿叶子为食。

紫短翅芫青 …… 5月
幼虫寄生在花蜂类的巢穴里，秋季化为成虫。

黑猫跳蛛 …… 7·10月
在旱田或院子里可见。常跳跃着捕食猎物。

蚁蛛 …… 5·10月
伪装成蚂蚁行走，捕食其他昆虫。

日本蟾蜍 …… 7·8月
栖息在低地和高山。捕食蚯蚓和昆虫。

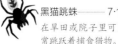

来到旱田的鸟儿们

日本蝮 ···· 7·8月
捕食老鼠和青蛙。具有毒性。

日本锦蛇 ···· 6·7月
藏在树上捕食老鼠、小鸟等动物。

日本森林鼠蛇 3·7·11月
藏在地下洞穴里和岩石下。主要捕食老鼠等动物。

日本石龙子 2·3·7月
主要以昆虫和蚯蚓为食。鳞片明亮有光泽。

日本四线锦蛇 6·7月
主要在地表活动。主要捕食青蛙和老鼠。

日本蜈蚣 2·3·5月
栖息在堆肥等地。捕食比自己体形小的动物。

三条蜗牛 ···· 6月
常附着在树干和小屋墙壁上。

鼠妇 ···· 2~4月
栖息在石头下，以落叶和朽木为食。

暗绿绣眼鸟 ···· 3·11月
吸食花蜜，寻觅昆虫和果实为食。

白鹡鸰 ···· 11月
在地上跳跃，捕食虫子和蜘蛛。

斑鸫 ···· 2月
秋季到冬季，常飞到旱田里寻觅虫子和果实。

北红尾鸲 ···· 2月
喜欢视野开阔的地方，以昆虫和植物果实为食。

大嘴乌鸦 3·9·11月
在堆肥等地寻找动物尸体和植物果实。

红隼 ···· 2月
小型猛禽之一常在旱田上空活动，捕食小鸟。

红尾伯劳 ···· 5月
常见于旱田和草地里，以蚯蚓和昆虫为食。

灰脸鵟鹰 3·11月
栖息在树梢、电线杆上。在旱田和草地里捕食猎物。

灰椋鸟 7·9·11月
生活在民居附近，以旱田里的昆虫和果实为食。

灰喜鹊 ···· 6月
栖息在村落附近，主要以昆虫和小动物为食。

灰胸竹鸡 ···· 6月
在地上四处走动，以植物和昆虫为食。

家燕 ···· 5月
在旱田上空来回飞翔，捕捉虫子后叼回巢里。

栗耳短脚鹎 7·10·11月
出没于城市中，采集旱田里的果实。

麻雀 3·4·6·10·11月
栖息在城市里，主要以昆虫和作物种子为食。

牛头伯劳 4·11月
在旱田里捕食蜥蜴和昆虫，会将猎物插在树枝上。

普通鵟 10·11月
在旱田上空活动，捕食蜥蜴和老鼠。

雀鹰 ···· 4月
常在树林附近的旱田里出没，捕食其他鸟类。

日本树莺 ···· 2月
在竹叶中筑巢，主要以昆虫和蜘蛛为食。

三道眉草鹀 ···· 5月
栖息在开阔的平地，主要以昆虫和种子为食。

山斑鸠 4·11月
会在街边的树上和小屋屋檐下筑巢。

锡嘴雀 ···· 11月
秋冬季节，出现在城市街道上。

游隼 ···· 7月
会从高空极速俯冲下来，捕食其他鸟类。

原鸽 ···· 7月
多见于城市里。也被叫作"野鸽"。

云雀 ···· 3月
在地上筑巢，主要以昆虫和种子为食。

长尾林鸮 ···· 8月
栖息在神社的大树上，捕食旱田里的老鼠等动物。

雉鸡 ···· 1·5月
常见于旱田和草地上，以植物和昆虫为食。

来到旱田的动物们

果子狸 ···· 9月
常住在房屋屋脊处，以果实和昆虫为食。

黑家鼠 7·8月
一种家鼠，住在小屋里，属杂食性动物。

浣熊 8·11月
用灵活的前爪在西瓜等果实上挖出小洞，享用食物。

梅花鹿 ···· 8月
能跳过较高的栅栏，啃食农作物的嫩芽。

貉 ···· 8·9月
栖息在地下洞穴或石头缝里，夜行性动物。

普通伏翼 ···· 8月
夜间飞翔，捕食昆虫。有"油蝠"的别称。

日本猕猴 ···· 8·11月
群居动物。会偷食和破坏旱田间的作物。

日本缺齿鼹 2~4·6~11月
会在地下挖地道，主要以蚯蚓为食。

日本田鼠 2~11月
在地下挖掘地道，寻找番薯为食。

日本鼬 ···· 8月
常徘徊在旱田间，以老鼠和青蛙为食。

日本中麝鼩 ···· 8月
用灵敏的鼻子寻找昆虫和蜘蛛。

小家鼠 ···· 5·8月
在小屋和仓库里可见，体形较小。

亚洲黑熊 ···· 8月
会在山地的旱田里偷吃，破坏农作物。

野猪 ···· 8月
鼻子极其灵敏。可以嗅出番薯在哪并挖出来。

向田智也 1972 年出生在神奈川县。以日本人的生活和自然为主题，用绘画和文字记录日本特有的自然。本系列共三本，《旱田的一年》为其中的第三本。

千叶万希子，日本人。毕业于清华大学新闻与传播学院，文学学位博士。现任浙江工业大学外国语学院外籍专家。从事日语教学、研究及中日图书翻译工作。代表译作《悠悠哉哉》等。

黑版贸审字 08-2020-033 号

HATAKE NO ICHINEN
by Tomoya MUKAIDA
©2016 Tomoya MUKAIDA
All rights reserved.
Original Japanese edition published by SHOGAKUKAN.
Chinese translation rights in China (excluding Hong Kong, Macao and Taiwan) arranged with SHOGAKUKAN through Shanghai Viz Communication Inc.

图书在版编目（ＣＩＰ）数据

　旱田的一年 /（日）向田智也文、图 ;（日）千叶万希子译. -- 哈尔滨 : 黑龙江美术出版社, 2021.3
　（山野四季图鉴）
　ISBN 978-7-5593-4971-2

　Ⅰ. ①旱… Ⅱ. ①向… ②千… Ⅲ. ①季节 - 儿童读物 Ⅳ. ①P193-49

　中国版本图书馆CIP数据核字(2020)第010282号

书　　名/ 旱田的一年
　　　　　HANTIAN DE YINIAN
作　者/ [日]向田智也◎文图　[日]千叶万希子◎译
出 品 人/ 周　巍　　　　　　　　　责任编辑/ 颜云飞
特约编辑/ 严　倩　李静怡　　　　　策划编辑/ 小行星
审　　校/ 方海涛　　　　　　　　　监　　修/ 阿部浩志
装帧设计/ 柯　桂　官　兰　　　　　出版发行/ 黑龙江美术出版社
地　　址/ 哈尔滨市道里区安定街225号　邮政编码/ 150016
发行电话/（0451）84270524　　　　经　　销/ 全国新华书店
印　　刷/ 深圳市彩美印刷有限公司　　开　　本/ 16开　889mm×1194mm
印　　张/ 3　　　　　　　　　　　　版　　次/ 2021年3月第1版
印　　次/ 2021年3月第1版次印刷　　书　　号/ ISBN 978-7-5593-4971-2
定　　价/ 36.00元

本书如发现印装质量问题，请与本公司图书销售中心联系调换。
电话：（010）57126192